Die Deutsche Bibliothek – CIP-Einheitsaufnahme

Lauter nette Tiere / Annie M. G. Schmidt. Mit Bildern von Harrie Geelen. Aus dem Niederländ. von Mirjam Pressler. – München : Middelhauve, 1998
(Middelhauve-Bilderbuch)
Einheitssacht.: Beestenboel <dt.>
ISBN 3-7876-9524-9

Middelhauve® Bilderbuch

Titel der niederländischen Originalausgabe:
Beestenboel
Em. Querido's Uitgeverij BV, Amsterdam

ISBN 3-7876-9524-9

Annie M.G. Schmidt

Lauter nette Tiere

Mit Bildern von Harrie Geelen

Aus dem Niederländischen
von Mirjam Pressler

Middelhauve

Die Entchen

„Komm“, sagten heut Morgen die Entchen bedacht,
„so oft hat der Junge uns etwas gebracht,
wir machen’s jetzt anders, hört alle her:
Jetzt füttern wir ihn, da freut er sich sehr.“

Sie kauften Brot, Butter und Erdnussmus,
jedes Entchen hatte einen Korb am Fuß,
sie kauften Marmelade (das Preisschild blieb dran)
und fuhren zu dem Jungen mit der Straßenbahn.

Der Junge wollt' grade aus der Haustür gehen,
da sah er auf der Straße zwanzig Entchen stehen.
Sie sagten: „Guten Tag, Junge, hör zu, du bist dran.
Wir wollen dich füttern, gleich fangen wir an.“

Er musste sich setzen, seine Serviette war rot.
Die Entchen packten aus. Sie schnitten das Brot,
sie schmierten's, verfütterten Stück um Stück,
mit Erdnussmus und Marmelade (Erdbeer zum Glück).

„He“, sagten die Entchen und freuten sich,
„du hast uns gefüttert, jetzt füttern wir dich.
Doch nun ist's genug, wir müssen jetzt gehn.
Bis morgen bei uns, auf Wiedersehn.“

Dickidick Schnauf

Schau, Dickidick Schnauf klettert die Treppe hinauf –
grad Viertel nach sieben ist es eben,
Zeit, der Giraffe ein Bonbon zu geben.
„Guten Tag“, sagt fröhlich Dickidick Schnauf.
„Ich hab was bekommen, soll ich’s dir sagen?
Rote Stiefel, die kann ich bei Regen tragen.“
„Das ist doch nicht wahr“, sagt da die Giraff.
„Na, so was, Junge, Junge, da bin ich ganz baff.“

„Ja, ja, Giraff", sagt Dickidick Schnauf,
„hör zu, dann erzähl ich dir noch was:
Ich kann schon schreiben, aufgepasst.
A, b und i mit einem Pünktchen drauf.
Und außerdem kann ich schon fast ein paar Zahlen
und mit meinen Buntstiften Männchen malen."
„Du lieber Himmel", sagt da die Giraff.
„Wie tüchtig du bist, da bin ich ganz baff."

„Giraff, hör zu“, sagt Dickidick Schnauf,
„ich würd dir so gern mal den Hals runterrutschen,
so eins, zwei, drei schnell mal abwärts flutschen,
zum Spaß nur. Meinst du, ich komme da rauf?
Giraff, o Giraff, wenn ich nur wüsst’,
wie hart, wenn ich lande, der Boden ist.“
„Steig auf, probier’s“, sagt die Giraff nun munter,
„steig auf und rutsch mir den Hals herunter.“

Da streckt sich der kleine Dickidick Schnauf
und macht einen Riesenschritt hinauf.
Er schafft es gerade, wenn auch nur knapp,
und rutscht dann den langen Hals hinab.
Er flutscht und rutscht hinunter bis ganz
zur Spitze von dem Giraffenschwanz.
Bum!
Au!

„Tschau, Giraff, bis morgen“, sagt Dickidick Schnauf,
„morgen komme ich wieder, verlass dich drauf.“

Drei alte Otter

Drei alte Otter wollten fahren
über den Rhi-Rha-,
über den Rhein.
Eigentlich wollten sie das schon seit Jahren,
aber weil sie Otter waren,
hatten sie es nie getan,
denn ...
dort hingen Tafeln auf allen Booten:

Drei alte Otter standen und riefen
dort am Rhi-Rha-,
dort am Rhein.
Sie standen und riefen sehr laut unter Schniefen:
„Wir gehn zum Bahnhof, ihr werdet schon sehn,
mit dem Zug wird es gehn.“
Aber ...
dort sahen sie Schilder auf Schritt und Tritt:

Drei alte Otter schauten sich um,
an dem Rhi-Rha-,
an dem Rhein.
Am Ufer standen Fahrräder rum,
Fahrräder zum Leihn.
Und die Otter wurden stumm.
Denn ...
an jedem Rad hing ein Schild vom Verleih:

Für Otter ist das Fahren frei

Nun radeln die Otter über die Brück,
über die Brück hinüber und wieder zurück.

Ein sehr kleines Schweinchen

Es war mal ein Schweinchen, das mochte keinen Dreck.
Es fand Dreck eklig und lief vor ihm weg.
Es wollt' sich auch nicht im nassen Schlamm suhlen
und hatte was gegen sandige Kuhlen.
Es mochte auch kein schmutziges Stroh.
Es war nicht so.

Das Leben des Schweinchens war oft bitter und hart,
es war viel zu sauber, es schlug aus der Art.
Im Dreck sich wälzen wie jedes richtige Schwein,
missfiel unserem Schweinchen, es wollt' sauber sein.
Alle anderen Schweine fanden das Schweinchen fade.
Das war schade.

Eines Morgens beschloss es, zu den Enten zu gehen.
„Hier wasch ich mir“, sagte es, „Füße und Zehen.“
Es wusch sich und wusch und wurd’ nass und nasser,
und plötzlich – plumps – fiel das Schweinchen ins Wasser.
Vor Schreck fing es fürchterlich an zu schrein.
So was ist auch gemein!

Erschrocken kamen Mutter und Schwestern gelaufen
und retteten das Schweinchen vor dem Ersaufen.
Sie gaben ihm Tee und steckten's ins Bett
mit sechs Wolldecken drüber, bis zum Hals, ganz adrett.
„Mir reicht's", sagte die Mutter, „mit deinem Gezeter.
Ab morgen gehst du mit in den Schlamm, wie jeder.
Denn Enten gehören ins Wasser hinein.
Aber kein Schwein."

Sebastian

Das ist Sebastian, der Spinnenmann,
von dem ich euch viel erzählen kann.

Passt auf!

Er sagte zu den anderen Spinnen:
„Ganz seltsam ist es mir im Leben,
ich spüre so einen Drang von innen,
den Drang zum Spinnennetzweben."

Da sagten all die anderen Spinnen:
„O nein, Sebastian, Sebastian, o nein!
Sebastian, wir raten dir, lass das sein.
Willst du jetzt mit dem Weben beginnen,
in dieser Kälte? Es friert Stein und Bein."

Da sagte Sebastian zu den anderen Spinnen:
„Kein großes Netz, nein, ein kleines reicht,
und auch nicht im Freien, es geht auch drinnen,
im Haus hinterm Vorhang – vielleicht."

Da sagten all die anderen Spinnen:
„O nein, Sebastian, Sebastian, o nein!
Hör zu, wir sagen's dir ehrlich:
Für Spinnen ist es da drinnen
wirklich viel zu gefährlich."

Doch Sebastian sagte eigensinnig:
„Ich muss, der Drang macht mir große Not.“
Die anderen mahnten ihn liebevoll innig:
„Sebastian, tu’s nicht, das ist dein Tod.
O nein, Sebastian, Sebastian, o nein!
Sebastian, wir raten dir, lass das sein.“

Durch ein Fenster kroch er ins Haus nach drinnen,
ein Dickkopf war er und gar nicht bang.
Da sagten all die anderen Spinnen:
„Da geht er hin mit seinem Drang."

Pause

Was dann passierte, ist schwer zu verstehen,
die Spinnen hörten's ganz aufgeregt:
Drinnen ist ein Mord geschehen.
Sebastian wurde zusammengefegt.

Die Plüschkatze

„Füße abputzen!", sagt die Plüschkatze matt.
„Was für ein Regen in der Stadt, in der Stadt.
Tag, mein Herrchen,
Teddybärchen.
Hab lang keinen Besuch mehr gehabt, gehabt.
Aber Füße abputzen!", sagt die Plüschkatze matt.

„Darf ich rein? Darf ich rein?“, fragt der Teddybär.
„Ich weiß nicht mehr weiter, ich kann nicht mehr.
Kannst du mir mal eben
was für meine Füße geben?
Meine Füße schmerzen so sehr, oh, so sehr.
Darf ich reinkommen?“, fragt der Teddybär.

„In die Küche, in die Küche", sagt die Plüschkatze zart.
„Es juckt? Es juckt? Wart, ich helfe dir, wart.
Hier ist ein Verband
aus meinem Lappenbestand.
Den mach ich jetzt auch noch schön nass, nass, nass",
sagt die Plüschkatze. „So!
Schön nass, hoho!
Nass, holdrio."

Rosalind und der Vogel Bangebangst

„Kind“, sagte die Mutter von Rosalind,
„wenn dich zu Hause alles ergrimmt,
wenn du immer maulst und immer murrst,
wenn du immer meckerst und immer knurrst,
wenn du nicht aufhörst zu lamentieren,
dann wird noch mal was mit dir passieren.“
„Was soll denn passieren?“, fragte Rosalind.
„Das werd ich dir sagen, hör zu, mein Kind:
Dann kommt der Vogel Bangebangst,
vor dem hat jeder Angst.“

„Ich aber nicht“, sagte Rosalind,
denn sie war wirklich ein vorlautes Kind.
Sie hörte nicht auf zu maulen und murren,
sie hörte nicht auf zu meckern und knurren,
sie hörte nicht auf zu quengeln und klagen
sogar an den schönsten Spätherbsttagen.
Doch plötzlich kam ein Vogel geflogen,
die Mutter hatte nicht gelogen.
Das war der Vogel Bangebangst,
vor dem hat jeder Angst.

Er packte die Zöpfe von Rosalind
und flog davon, so schnell wie der Wind.
Wie sehr Rosalind auch weinte und schrie,
der Vogel kümmerte sich nicht um sie.
Er flog über die Stadt mit lautem Brausen.
Die Leute hörten bis hinunter das Sausen.
Sie schauten hoch und sagten beklommen:
„Schaut nur, er hat ein Mädchen mitgenommen.
Das ist der Vogel Bangebangst,
vor dem hat jeder Angst.“

Der Vogel flog nordwärts mit dem Wind.
Wohin nur brachte er Rosalind?
Er flog über Länder, kreuz und quer,
bis zu einer Insel, mitten im Meer.
Dort lebten Kinder, die immer nur störten,
über die ihre Eltern sich ständig beschwerten.
Sie hatten zu Hause stets nur gemurrt,
geschmollt und genörgelt, geklagt und geknurrt.
Und dort, inmitten von Wasser und Wind,
lebt nun auch das Mädchen Rosalind.
Sie bleibt bei dem Vogel, dass ihr es nur wisst,
bis sie wieder lieber und freundlich ist.

Das Kamel

Einst lebte ein König der besonderen Art,
sein Schloss war aus Silber, und lang war sein Bart.
Ein kleines Kamel war sein Lieblingstier,
saß bei ihm auf dem Thron als Schmuck und als Zier.
Auch wenn er spazieren ging, nahm er es mit,
ohne dieses Kamel tat er fast keinen Schritt.
Die Königin weigerte sich, ihn zu begleiten.
Sie konnte Kamele nämlich nicht leiden.

„Hör doch auf, so zu murren", sagte der König spitz.
„Ich möchte, dass das Tier am Tisch mit uns sitzt."
Die Königin seufzte und mit ergebenem Blick
reichte sie ihm den Braten. „Hier, nimm noch ein Stück."

Eines Tages sagte der König frohgemut:
„Das Kamel bei uns im Bett, das findest du doch gut?“
„Nein“, sagte die Königin, „mir steht’s schon bis hier.
Es hängt mir zum Hals raus, das schreckliche Tier.
Von mir aus ein Teddy, das wär’ sogar nett.
Doch was mir nicht passt, ist ein Kamel im Bett.“

Da weinte der König Bart und Fußboden nass.
Er schluchzte: „Du gönnst mir auch nie einen Spaß."
„Also gut", sagte die Königin, „von mir aus, bring's mit."
Nun schlafen sie immer zusammen, zu dritt.

Oh, diese Lämmchen

Lämmchen müssen, bevor sie schlafen und träumen,
abends erst Schuhe und Strümpfe aufräumen.
Doch schau, hier im Bett liegen sie nebeneinander
und im Zimmer herrscht noch ein Durcheinander.
Da liegen die Bürsten und dort die Kämmchen.
Was sind das für schlampige, schlampige Lämmchen.

Lämmchen dürfen es niemals versäumen,
bevor sie zu Bett gehn, den Schrank aufzuräumen,
die Hosen, die Hemden und die anderen Sachen –
und sie müssen natürlich das Feuer ausmachen.
Doch schau nur, im Ofen züngeln noch Flämmchen.
Was sind das für schlampige, schlampige Lämmchen.

Und Lämmchen müssten doch eigentlich wissen:
Im Bett isst man nichts mehr, keinen einzigen Bissen.
Doch unsere Lämmchen haben das wohl vergessen
und, wie man sieht, im Bett noch gegessen:
Brotkrümel und Papier von Zuckerstängchen.
Was sind das für schlampige, schlampige Lämmchen.

Stachelschweins Wiegenlied

Schuscha, schuscha, Stachelchen, der Mond scheint auf das Haus,
du bist ein Stachelschweinelchen, doch mach dir nichts daraus.
Du bist ein Stachelschweinelchen, das kannst du doch begreifen.
Die Löwen haben dichte Mähnen, die Tiger schwarze Streifen,
das Eichhorn einen busch'gen Schwanz, der Hase lange Ohren.
Doch du, mein Schatz, du bist zum Glück mit Stachelchen geboren.
Schlaf, Stachelchen, mein Kind, schlaf ein,
dann wirst du ein großes Stachelschwein.

Elefanten haben Rüssel und Bären scharfe Klauen,
mit Federn prahlt der Papagei, mit grünen und mit blauen.
Die Kuh hat zwei Hörner, vier Hufe ein Pferd,
doch du hast lauter Stachelchen, und das ist nicht verkehrt.
Schuscha, schuscha, Stachelchen, mach deine Äuglein zu,
kein Stachelschwein war je so schön, mein Stachelchen, wie du.
Die Katzen, mein Kind, haben ein samtweiches Fell,
die Fische haben Schuppen und schwimmen sehr schnell.
Du hast nur deine Stacheln, um dich zu schützen,
sei froh, sie werden dir später viel nützen.

Die Arche

Da fahren sie, da fahren sie, da fahren sie, wohlan!
Die Löwenfrau, der Löwenmann,
in der Arche über das Meer.
Zwei Schafe und zwei Kätzchen,
ein Hase mit seinem Schätzchen,
sie strömen von überall her,
von allen Ecken und Kanten.
Da sind auch die Elefanten.

Es kommen zwei Bären und zwei Biber,
er biberlieb, sie biberlieber,
dazu noch zwei Pferde und Stier und Kuh,
zwei rote Käfer und zwei Wiesel,
er heißt Karlheinz und sie heißt Liesel,
und Tausendfüßler ganz ohne Schuh.
Es kommen zwei Wespen und ein Eselpaar
und gaffende Affen, ehrlich wahr.

Herr Käsemilbe kommt ganz allein,
seine Frau will nicht ohne Käse sein,
sie hat, ein Unglück, nur Fressen im Sinn.
Doch Noah sagt: „Nimm's nicht so schwer,
bring sie doch gleich samt Käse her,
den Käse samt Käsemilbin drin."
Und da, mit Getöse und viel Radau,
kommt der Leopard mit seiner Frau.

Sieh an, Herr und Frau Rhinozeros.
Auf geht's jetzt, macht die Leinen los.
Ach nein, es fehlen ja noch die Spinnen,
der Heuschreck und die Heuschreckin
sind jetzt schon in der Arche drin.
Die Schmetterlinge sollten sich auch bald besinnen.
Und dort in der Ecke, die zwei kleinen Schlangen
spielen schlängelnd Fangen.

„Jetzt macht doch endlich die Luken dicht!"
So sagt, mit einem bösen Gesicht,
das größere von den zwei Kamelen.
Doch als sie ein Stück gefahren sind,
ruft laut das schöne braune Rind:
„Die Schnecken, die Schnecken fehlen.
Dort sind sie, schaut nur, dort, ja dort.
Noch mal zurück, sie müssen an Bord."

Es dauert vier Stunden, dann sind sie da,
die Schneckenmama und der Schneckenpapa.
Der Maulwurf jubelt: „Hurra! Wie toll!
Jetzt geht's endlich los, die Arche ist voll."
Und all die Fische im großen Meer
schwimmen noch stundenlang nebenher.